SECONDE NOTICE

SUR LA

THÉORIE DES PORISMES,

RÉPLIQUE A M. BRETON DE CHAMP,

PAR

A.-J.-H. VINCENT, de l'Institut.

(Extrait du journal la *Science*, 3e année, nos 40 et 41)

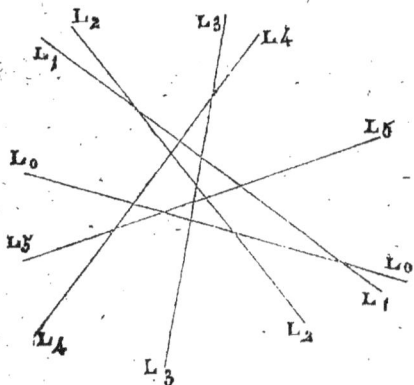

De loin, c'est quelque chose, et de près, ce n'est rien.

Certes, ce n'est pas aux objections de M. Breton de Champ que je prétends faire ici allusion, mais bien à la théorie des porismes sur laquelle j'ai déjà exprimé une opinion analogue dans ce journal (1er février 1857), et plus particulièrement au grand porisme d'Euclide généralisé par Pappus, qui figure dans cette discussion.

Je commence par m'exécuter relativement à ma rédaction de la première partie de ce théorème, partie énoncée deux fois dans Pappus, la première fois sous un point de vue restreint, la seconde avec beaucoup plus de généralité. La première fois (comme la seconde), on ne doit voir que l'antécédent de la proposition, après laquelle Proclus s'interrompt brusquement pour généraliser avant de tirer une conclusion.

Comme le dit fort bien M. Breton, cette première partie seule
« n'offre aucun sens au point de vue géométrique »; et mon erreur
est d'autant plus grossière, que le plus mince écolier de mathématiques est compétent pour la reconnaître. Quant à avoir lu
ἅπτεται pour ἅπτηται, et avoir ainsi pris un η pour un ε, je crois
devoir réclamer plus d'indulgence, par la raison qu'un excès de
sévérité à ce point de vue rejaillirait infailliblement sur M. Breton
lui-même, qui paraît avoir commis une inexactitude analogue en
confondant le subjonctif ἀποτέμνῃ avec le futur ἀποτεμεῖ dans l'énoncé
du premier porisme du premier livre, celui même où la figure est
indiquée. Et l'erreur est ici de quelque gravité : car le membre de
phrase que M. Breton a supprimé, ou du moins qu'il a négligé de
mettre en saillie, est précisément celui qui a pour fonction d'a-
jouter ce qui manque à l'hypothèse du théorème local (comme on
le verra par la suite), et celui, par conséquent, qui caractérise essentiellement le porisme. D'ailleurs, M. Breton insiste beaucoup
sur la nécessité d'une traduction mot à mot. Or, on comprend
que, pour obtenir une exactitude rigoureuse sous ce rapport, il
n'est pas du tout indifférent de confondre l'antécédent indiqué par
ἀποτέμνῃ, avec le conséquent déterminé par ἀποτεμεῖ.

Il faut observer toutefois qu'un mot à mot suivi donne rarement
une traduction fidèle; il faudrait, pour cela, que le génie des deux
langues que l'on met en rapport fût identique, ce qui n'est jamais
complétement vrai, quelque voisines qu'on les suppose. La théorie même qui nous occupe en a offert un notable exemple dans les
mots par lesquels Pappus commence son septième livre, en
disant : Ὁ καλούμενος ἀναλυόμενος, Ἑρμόδωρε τέκνον, κατὰ σύλληψιν, κ. τ. λ., ce
que Commandin traduit, ne pouvant faire mieux, par les mots :
Locus qui vocatur ἀναλυόμενος, hoc est resolutus, Hermodore fili, ut
summatim dicam, etc. Ici, je remarque plusieurs écarts du texte,
notamment dans le mot locus ajouté, comme aussi plus loin, au
commencement de la théorie des porismes, qui abondent, dit
Pappus, ἐν τῷ ἀναλυομένῳ, ce que Commandin traduit par : in reso-
luto loco, et M. Breton : dans l'analyse, expression qui ne rend
pas du tout le sens. Le mot τόπος ne se trouve nulle part réuni au
mot ἀναλυόμενος, excepté dans la définition des lieux plans, où on lit :
ἐν τῷ ἀναλυομένῳ τόπῳ ἐπιπέδῳ : mais ici τόπῳ a pour relatif ἐπίπεδος, et
non ἀναλυόμενος, et peut-être même faudrait-il lire : ἐν τοῖς ἀναλυομένου
τόποις ἐπιπέδοις (1). En second lieu, il faudrait dans le latin, pour tenir
lieu, autant que possible, de la voix moyenne, le participe d'un
verbe déponent qui n'existe pas; d'où il suit que l'on fausse le
sens quand on traduit par le passif, et l'on ne peut rendre l'expression en français que par un approximatif, comme le résolu-
toire, le résolutif, l'analytique, etc., ou comme je l'ai fait, également faute de mieux, par quelque locution telle que répertoire

___

(1) Dans le commentaire d'Eutocius sur les Coniques d'Apollonius,
on lit à la page 11, ligne 11 : ἐν τῷ ἀναλυομένῳ τόπῳ ὑποκειμένῳ, ce qui signifie en cet endroit: dans le lieu (c'est-à-dire dans le problème local)
résolu ci-dessous.

analytique, etc. Enfin, Pappus avertit que le mot ἀναλυόμενος est employé par figure, κατὰ σύλληψιν : or, employer une *syllepse* dans le discours n'est point *summatim dicere*, συλλήβδην λέγειν.

Ces observations m'ont paru utiles pour prouver qu'une traduction *mot à mot* (ce à quoi M. Breton tient beaucoup, non sans quelque raison) n'est pas toujours aussi facile à faire et à rendre bien conforme au sens que le suppose l'honorable géomètre ; souvent on pourrait comparer une semblable traduction à certains portraits faits sur nature au moyen du daguerréotype ou du physionotype, et c'est sans doute pour ce genre de reproduction qu'a été imaginé le proverbe *traduttore traditore*.

Quoi qu'il en soit, je le confesse humblement, trop confiant dans l'intelligence et la sympathie du lecteur, j'ai failli en disant que le théorème est une démonstration et le problème une opération ; et maintenant même, après avoir fait amende honorable, je vais m'efforcer de donner une vraie traduction mot à mot, en employant exclusivement, autant que possible, des expressions empruntées à l'excellent dictionnaire grec-français de M. Alexandre. Ce ne sera pas ma faute si ce mot à mot, aussi consciencieux que je puis le faire, tourne contre celui qui l'aura réclamé. Et pour que le lecteur soit plus à même de contrôler ma traduction et de la comparer à celle de mon honorable contradicteur, sans même avoir besoin d'être au courant de la matière, je les place l'une et l'autre à côté du texte grec.

M. BRETON.	TEXTE.	M. VINCENT.
Car ils (les anciens) disaient que le théorème est une vérité que l'on énonce et qu'il faut rendre évidente par une démonstration, tandis que le problème est un but que l'on propose et qu'il s'agit d'atteindre par une construction ; mais que le porisme est une chose dont la découverte est proposée.	Ἔφασαν γὰρ θεώρημα μὲν εἶναι τὸ προτεινόμενον εἰς ἀπόδειξιν αὐτοῦ τοῦ προτεινομένου · πρόβλημα δὲ τὸ προβαλλόμενον εἰς κατασκευὴν αὐτοῦ τοῦ προτεινομένου · πόρισμα δὲ τὸ προτεινόμενον εἰς πορισμὸν αὐτοῦ τοῦ προτεινομένου.	Ils (les anciens) disaient en effet que le *théorème* est une chose proposée en vue de la *démonstration* de ce qui est proposé, que le *problème* est une chose proposée (*a*) en vue de la *construction* de ce qui est proposé, et qu'enfin le *porisme* est une chose proposée en vue de l'*acquisition* de ce qui est proposé.
Cette définition a été changée par des géomètres récents, hors d'état de trouver tout (ce qui est proposé), mais se prévalant de ce qu'ils	Μετεγράφη δὲ οὗτος ὁ τοῦ πορίσματος ὅρος ὑπὸ τῶν νεωτέρων, μὴ δυναμένων ἅπαντα πορίζειν, ἀλλὰ συγχρωμένων τοῖς στοιχείοις τούτοις, καὶ δεικνύντων αὐτὸ μόνον τοῦθ' ὅ τι ἐστὶ τὸ ζη-	Cette définition du porisme a été changée par les géomètres plus récents, incapables de déduire tous les corollaires [des propositions] ,

voyaient dans les trois livres des porismes, et y montrant l'une quelconque des choses cherchées, sans la déduire (par le raisonnement); c'est pourquoi ils ont, sans tenir compte de la définition (précitée) et de ce qui est enseigné, écrit ceci d'après ce qui arrive (en effet) : *le porisme est ce qui manque à l'hypothèse (pour que celle-ci devienne l'énoncé) d'un théorème local.*

τούμενον, μὴ ποριζόντων δὲ τοῦτο, καὶ ἐλεγχόμενοι ὑπὸ ὅρου καὶ τῶν διδασκομένων, ἔγραψαν ἀπὸ συμβεβηκότος οὕτως · Πόρισμά ἐστι τὸ λεῖπον ὑποθέσει τοπικοῦ θεωρήματος.

mais usant avec abus de ces éléments, et y montrant seulement cela même qui est demandé, mais sans en déduire de corollaires ; et, convaincus (*b*) par la définition et par les choses enseignées, ils ont écrit, d'après ce qui est arrivé, que : *Le porisme est ce qui manque à l'hypothèse d'un théorème local (c).*

(Pour le commentaire de cette obscure traduction, je parle de la mienne, voir ma première Notice.)

(*a*) Plus mot à mot encore : *un projet ;* l'auteur fait ici un jeu de mots portant sur la signification radicale du mot *problème,* allusion que le français ne peut rendre.

(*b*) M. Breton peut consulter, sur la vraie signification du mot ἐλεγχόμενος, tous les hellénistes du monde ; il restera *convaincu* que c'est bien celle je lui donne ici.

(*c*) Et non point *pour que celle-ci devienne l'énoncé d'un théorème local.* Lorsque M. Breton prétend donner ainsi la vraie traduction de la phrase dont je ne produirais, de mon côté, qu'une interprétation plus ou moins arbitraire, il est clair que lui-même *intervertit les rôles ;* et c'est, du reste, le seul point de la discussion où *ce renversement des rôles* me paraisse avoir lieu.

Tel est donc, suivant moi, l'exact mot à mot du passage proposé : c'est ce que demandait M. Breton. Peut-être cependant trouvera-t-on que j'abuse de la permission ou de la condition qui m'est faite, en traduisant le mot πόρισμα par celui de *corollaire* qui semble préjuger la question. Mais n'est-ce pas la faute de la situation où l'on me place ? Toutefois, ne voulant pas profiter outre mesure de cet avantage, je remplacerai le mot *corollaire* par celui de *porisme.* Malheureusement, ou plutôt heureusement, cette concession nous fait retomber au point de départ, et nous ramène à la question primitive : « Qu'est-ce qu'un porisme? » Dès lors, le lecteur peut être déjà suffisamment édifié et en état de reconnaître par lui-même que l'existence des lieux géométriques, considérée comme essentiellement inhérente à celle des porismes, est une opinion qui n'a plus, en réalité, aucune raison d'être. C'est, d'ailleurs, ce que l'on peut vérifier, même sur la traduction nouvelle de M. Breton, qui, de son côté, cédant à mes observations, s'est décidé à faire disparaître les mots *constant* et *variable*, primitivement et arbitrairement substitués, en une foule d'endroits de la traduction, à la simple expression *donnée*.

Ce n'est pas, je le répète, qu'un lieu géométrique ne puisse être l'objet d'un porisme, soit comme hypothèse, soit comme conséquence ; il est même évident qu'à s'en tenir à la seconde définition du porisme, le premier cas aurait toujours lieu, sans exception ; mais M. Breton fait très bien observer (1) que « cette défini-» tion des géomètres récents ne pouvait s'appliquer à tous les » porismes indistinctement, » sans qu'il soit plus vrai pour cela « qu'elle était spéciale aux porismes d'Euclide ». Et il n'en résulte pas davantage, *je ne l'ai jamais dit*, que les propositions d'Euclide dussent être pour cela, *sans exception aucune, exclusives de toute indétermination* (2).

Au reste, l'examen dans lequel je vais entrer des propositions complètes données par Pappus, prouvera, je l'espère, à tous les lecteurs, même aux plus fortement prévenus dans le sens opposé, que le *porisme*, entendu suivant la seconde définition, *a* bien *pour but de considérer, sous un point de vue déterminé, une proposition de sa nature indéterminée*, ce qui est absolument *le contre-pied* du rôle que M. Breton lui assigne.

Commençons par la proposition relative au cas de quatre droites, ou de ce que nous nommons le *quadrilatère complet*.

Pour éviter toute discussion étrangère à la nature du débat, j'accepterai, sans toutefois l'admettre pour mon propre compte, la traduction de M. Breton dans les termes mêmes qu'il avoue, en supprimant simplement les circonstances indifférentes.

« Si, dans un système de quatre droites…, trois de leurs points d'intersection sont donnés sur l'une d'elles…, et que les points restants, moins un, soient (assujettis à être) situés chacun sur une droite donnée de position, ce dernier sera pareillement (assujetti à être) situé sur une droite donnée de position. »

Soit A, B, C, D, E, F, la figure en question. « Il n'y a d'entiè-» rement donné que trois points (je » copie M. Breton) : la droite sur » laquelle ces points sont situés » (soient A, B, C, ces trois points), « et les deux droites sur lesquelles » deux des points restants sont (as-» sujettis à être) situés. »

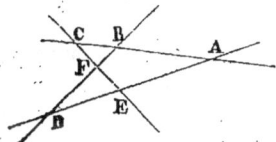

M. Breton ajoute aussitôt : « Il est d'ailleurs parfaitement exact » de dire que le dernier point, pour *tous les états* du système ainsi » défini, se trouve *toujours* situé sur une certaine droite qui en est » conséquemment le *lieu géométrique* » (deux mots soulignés par M. Breton lui-même) ; et, pour qu'on ne se méprenne pas sur le sens qu'il attache à ces mots, il a soin de dire à l'alinéa suivant

(1) Voir le journal *la Science*, p. 91, col. 2.
(2) *Ibid.*, p. 83, col. 1.

que la droite est *décrite* par le point et que la figure est *variable*.
Et plus positivement encore, p. 83 (commencement du 2º article) :
« J'ai traduit Pappus *dans la supposition* que chacune des propo-
» sitions des trois livres d'Euclide sur les porismes comportait *une*
» *certaine indétermination entraînant l'idée soit de lieu décrit ou*
» *engendré, soit de mouvement* (1). » — Examinons ces assertions:

Outre les points A, B, C, et la droite qui les joint, *deux autres*
droites sont données de position, ne l'oublions pas. Or, *données de*
position, cela signifie, sans aucun doute, que les droites occupent
une position fixe (je le démontrerai tout à l'heure) ; cependant,
craignant de ne pas comprendre suffisamment M. Breton, je lui
accorderai pour un instant, si telle est sa pensée, que les droites,
menées respectivement par les points A, B, C, ont toutes trois
indistinctement la faculté de pivoter autour de ces trois points.
Seulement je raisonnerai d'abord pour une position déterminée
du système ; on pourra faire ensuite varier cette position si on le
veut.

Supposons donc que les deux droites données de position sont
les droites AE et CE ; alors le point E est donné, et par conséquent le triangle ACE. La proposition, dans le système d'interprétation de M. Breton, est donc celle-ci : « Etant donné un triangle ACE et un point B pris sur un de ses côtés, si l'on mène une
droite par le point B, et que son intersection avec un des deux
autres côtés du triangle soit sur une droite donnée, son intersection avec l'autre côté sera aussi sur une droite donnée. » Or, je le
demande, est-ce là une propositon de géométrie ? Une ligne donnée n'est-elle pas toujours le lieu de ses intersections avec toutes
les lignes imaginables?... Quant à la véritable explication (ou du
moins ce que je crois l'être), je vais la donner sur le cas général.

Considérons donc un nombre quelconque de droites, cas pour
lequel je me conformerai également à la rédaction nouvelle de M.
Breton, excepté sur un point.

« Tant de droites qu'on voudra se coupant les unes les autres,
mais pas plus de deux en un même point, si tous les points où l'une
d'elles est rencontrée par les autres sont donnés, et que chacun
des points où l'une de ces dernières est coupée par les droites
restantes soit (assujetti à être) situé sur une droite donnée de
position... ou plus généralement : Tant de droites qu'on voudra se
coupant les unes les autres, mais pas plus de deux en un même
point ; si tous les points où l'une d'elles est rencontrée par les autres sont donnés, et que parmi les points d'intersection de ces
dernières, lesquels forment un nombre triangulaire, il s'en trouve
autant (d'assujettis à être) situés chacun sur une droite donnée de
position qu'il y a d'unités dans le côté de ce nombre, de telle sorte
que trois de ces points ne puissent être aux angles d'un espace
triangulaire [*formé par les droites données de position* (et non pas

---

(1) Comparez (p. 84 de la *Science*) l'aveu candide contenu dans l'an-
notation (*o*).

non données)], chacun des points restants sera pareillement (assujetti à être) situé sur une droite donnée de position. »

Maintenant, quel est le sens véritable de cette question si compliquée en apparence ? c'est ce que nous allons tâcher de dire ; et si l'on trouve quelque chose de difficile à comprendre dans notre solution, ce sera, si nous osons le dire, la simplicité du résultat.

Deux questions préliminaires et fort simples sont à résoudre : d'abord, que doit-on entendre par *une droite donnée de position* ; en second lieu, que signifie le mot ἅπτεται appliqué à un point considéré relativement à une droite ?

La première question est toute résolue par Euclide lui-même (Eucl., Dat. def. 4) : *Des points, des droites, des angles sont dits donnés de position, lorsqu'ils occupent toujours le même lieu.* Une droite donnée de-position ne peut donc être mobile. Il ne peut y avoir là-dessus aucune incertitude possible, aucune discussion raisonnable.

En second lieu, de ce que le mot ἅπτεται est employé pour dire qu'un point mobile est toujours sur une ligne donnée de position, il n'en résulte pas que la même expression emporte nécessairement l'idée de la mobilité du point. Ce n'est pas avoir là *deux langages différents;* c'est au contraire n'en avoir qu'*un* pour désigner une idée commune aux deux faits. Nous croirions faire injure aux lecteurs en insistant davantage sur ce point.

Reprenons donc, et pour ainsi dire, *ab ovo*, la formation de la figure; nommons L_0, L_1, L_2... L_n, les droites proposées, et désignons généralement par P un des points d'intersection, en caractérisant chacun d'eux par les indices des deux droites auxquelles il appartient, de sorte que P(n,n') soit le point d'intersection des droites L_n et $L_{n'}$. (Voir la figure en tête de cet article.)

Cela posé, en procédant par ordre d'indices, nous aurons d'abord le point P(0,1), intersection des droites L_0, L_1. La troisième droite L_2 nous donnera de plus les points d'intersection P(0,2), P(1,2); et le total des points sera 3 ; la quatrième L_3 donnera les nouveaux points P(0,3), P(1,3), P(2,3), au nombre de 3, total 6; et ainsi de suite. De sorte que, arrivés à la n^e droite $L(n-1)$, nous aurons, en admettant, bien entendu, que trois droites ne passent jamais par un même point, nous aurons, dis-je, un nombre total de points d'intersection marqué par

$$1 + 2 + 3 + \ldots + (n-1) = \frac{(n-1)\,n}{2},$$ nombre triangulaire dont le côté est $(n-1)$. Une droite de plus, désignée par L_n, donnerait de même $\frac{n\,(n+1)}{2}$, nombre triangulaire dont le côté est n. Et ainsi, en retranchant de ce nouveau nombre total, les n points appartenant à la $(n+1)^e$ droite, on retrouvera le nombre triangulaire précédent, dont le côté est $(n-1)$, comme on l'a vu.

C'est une première remarque, bien simple sans doute, mais à laquelle pourtant il ne faudrait pas croire que, en raison de cette simplicité même, on n'ait pas apporté une grande attention. Ceux qui ont étudié l'Arithmétique de Nicomaque ou de Théon de Smyrne, les Θεολογούμενα τῆς ἀριθμητικῆς, ou lu simplement l'Arithmétique de Boëce ou le *Denarius Pythagoricus* de Meursius, savent quelle admiration naïve causaient aux anciens les propriétés les plus simples des nombres, propriétés dont aujourd'hui la remarque nous semble une puérilité.

Je ne veux point entrer, à ce sujet, dans des détails cependant fort curieux, parce qu'ils m'écarteraient trop de mon sujet. Je vais donc examiner, sous le rapport exclusivement géométrique, « la belle proposition de Pappus ».

L'énoncé, appliqué à $(n+1)$ droites, signifie donc d'abord que les n points d'intersection de la $(n+1)^e$ avec les n autres sont donnés, et qu'en en faisant abstraction, il reste un nombre total de points d'intersection marqué par $\dfrac{(n-1)n}{2}$, nombre triangulaire dont le côté est n, nombre des droites restantes.

Maintenant, la partie obscure de l'énoncé consiste en ce que, sur le nombre de points d'intersection restants, il y en a n assujettis à la condition d'être « situés chacun sur une droite donnée de » position », sauf une restriction dont nous parlerons tout à l'heure; puis, ces deux conditions remplies, en ce que « chacun des points » restants sera pareillement assujetti à être situé sur une droite » donnée de position ».

Observons d'abord que le nombre des points restants est toujours plus grand que le nombre des droites restantes dès que $\dfrac{(n-1)n}{2} > n$, c'est-à-dire dès que $n > 3$, ou dès que l'on dépasse le quadrilatère, pour lequel $n = 3$. Il est donc bien clair qu'il ne faudrait pas chercher à attribuer les points restants chacun à une droite différente, et qu'ainsi le nombre des points d'intersection situés sur une même droite augmente nécessairement avec le nombre des droites, c'est-à-dire avec le quotient $\dfrac{n-1}{2}$, qui représente ce nombre.

Voici maintenant comment j'entends la question : le lecteur jugera. Il s'agit, suivant moi, de *trouver* combien, sur le nombre total des $\dfrac{n(n+1)}{2}$ points d'intersection des $(n+1)$ droites, il en faut connaître *à priori* pour que le système entier soit déterminé, ou pour que l'on puisse *obtenir* les autres, πορίσασθαι. Ou bien, dans le cas particulier auquel l'auteur réduit la question, c'est-à-dire où les n points appartenant à la $(n+1)^e$ droite sont déjà donnés, ainsi que n autres points correspondant respectivement aux premiers, il s'agit, dis-je, de déterminer combien il en reste à trouver *à posteriori*. Procédant autrement, et mettant le *problème* sous forme de théorème, on peut se proposer de *démontrer*, ou mieux encore (ce qui est la forme propre au *porisme*), de faire *remarquer* que tous les autres points se trouvent sur des droites *données*, c'est-à-dire déjà *déterminées*, soit *à priori*, soit par la suite de la construction.

Je n'ignore point cependant que l'on a coutume de nommer *théorème* ou *problème de Pappus* une proposition analogue (jusqu'à un certain point), relative à la *déformation* d'un polygone dont les côtés tournent autour de certains points fixes. Mais c'est à tort que l'on a confondu cette proposition, toute moderne, et complètement étrangère aux porismes d'Euclide, avec le porisme de Pappus dont elle n'a pas plus le droit de porter le nom, que la table de multiplication n'a celui d'être désignée par le nom de Pythagore; et c'est en partie de cette confusion que provient l'obscurité qui plane encore sur cette branche de la géométrie ancienne.

En effet, pour admettre l'assimilation, on est obligé 1° d'imaginer, par exemple, que, dans le cas le plus simple, celui des quatre droites indiquées par Euclide et Pappus, trois autres droites sont complètement *sous-entendues;* 2° de supposer que, par la locution *droite donnée de position*, les mêmes auteurs ont voulu dire *droite variable*, ce qui est formellement contredit par les textes (v. ci-dessus, p. 7), et tout à fait insoutenable.

« Supposons donc (comme M. Breton), pour fixer les idées, que
» l'on considère cinq droites. D'après cet énoncé, quatre points où
» l'une d'elles L_4 est rencontrée par les quatre autres droites, sont
» donnés. Ces dernières se coupent en 6 points, dont 3 (côté du
» nombre triangulaire 6), convenablement choisis, sont (assu-
» jettis à être) situés chacun sur une droite donnée de position.
» Cela posé, la proposition consiste en ce que chacun des trois
» points d'intersection restants sera situé sur une droite donnée
» de position. »

Tels sont les termes dans lesquels M. Breton lui-même énonce la proposition, et je ne demande pas mieux que de les accepter.

Reste la démonstration, que M. Breton n'a pas donnée : je vais tâcher de le faire pour lui.

Soient A, B, C, D, les quatre premiers points, donnés sur une même ligne droite : il s'agit, parmi les six autres, d'en choisir trois *convenablement*. Nous serons sûrs de ne pas manquer à cette condition en essayant alternativement toutes les combinaisons possibles. Prenons-les d'abord tous trois sur la même droite. Soient E, F, G, ces trois points, que nous supposerons en ligne droite avec le point C (car la droite E F G doit couper A B C D en un des quatre points déjà donnés). Dès lors, *la correspondance entre chacun des points* A, B, D, *et chacun des points* E, F, G, *étant nécessairement donnée*, les trois droites A G, B E, D F, sont données; donc le système est donné; donc les trois points I, K, L,

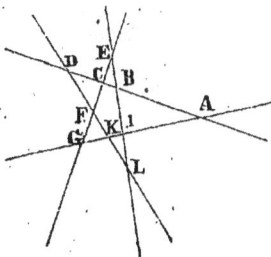

sont donnés par les droites sur lesquelles ils se trouvent, *ce qu'il fallait démontrer*.

Supposons maintenant qu'il n'y ait plus de points donnés en ligne droite avec C, que les deux points E, F; et examinons les combinaisons E F I, E F K, E F L.

D'abord, dans la combinaison E F I : E détermine la droite E B par sa correspondance avec B; F détermine F D; I détermine I A; donc le système est connu, puisque déjà E C F et A B C D étaient connus.

De même dans la combinaison E F K : E détermine E B, F détermine C F, K détermine D K; donc encore le système est déterminé.

Quant à la combinaison E F L, elle est insuffisante pour déterminer la droite A I K G. Mais observons que dans ce cas singulier, les trois points E, F, L, *sont les sommets d'un triangle* dont les trois côtés sont les droites données, et que précisément ce cas se trouve exclus par la restriction dont nous avons parlé, et *dont nous trouvons ici l'explication* : explication que l'on n'avait point encore donnée : car, au contraire, la restriction a été mal interprétée par M. Breton. — La même chose a lieu pour la combinaison I K L formée par les sommets du triangle I K L, laquelle laisserait indéterminée la droite E C F G.

On conçoit, d'ailleurs, à quoi tient l'indétermination dans le cas de l'hypothèse admise : c'est que, d'après la situation des divers points donnés, les points qui restent à déterminer sont tous sur une même droite, qui conserve ainsi sa complète mobilité autour d'un point donné. — *Sept* droites pourraient en laisser *deux* indéterminées; *huit* en laisseraient *trois* dans certaines circonstances, etc.; mais les conditions de cette exception ne peuvent plus être formulées de la même manière que pour *cinq* droites, ce qui prouve, tout simplement, que *le théorème n'avait pas été vérifié* au delà du nombre *cinq*.

Je dois donc, comme on le voit, faire une nouvelle rectification à ma traduction primitive, en y remplaçant les mots : «de manière » que trois d'entre elles ne puissent passer par un même point, » par les mots suivants : *de manière que trois d'entre elles ne puissent aboutir aux angles d'un espace triangulaire* (c'est-à-dire *ne puissent former un triangle*). En effet, πρὸς avec l'accusatif indique un but, et il faudrait πρὸς γωνία pour que la phrase pût s'appliquer aux points. De toute façon, il y a eu altération dans le texte, où je pense qu'il faudrait ὑπαρχουσῶν (au lieu de ὑπάρχον), en concordance avec τριῶν que portent les manuscrits, et non τρία, malgré l'assertion de M. Breton de Champ.

La correspondance parfaite entre le texte et la solution que je présente et surtout la coïncidence entre la restriction formulée par ce texte et l'exception que j'ai rencontrée et signalée plus haut, me paraissent de nature à frapper l'esprit du lecteur et à entraîner sa conviction; car il devient évident par là, qu'en prenant la question dans son véritable sens, la figure doit être considérée comme fixe, puisque le cas d'une mobilité possible répond précisément au cas signalé comme faisant exception.

En admettant même cette mobilité, qui appartiendrait exclusivement aux droites A I K G ou E C F G, à la première par exemple (c'est le cas de la combinaison E F L), observons que les points qui resteraient à considérer seraient les points mêmes d'intersection de cette droite A I K G avec les trois côtés du triangle E F L, et qu'ainsi, dans le système de M. Breton, chacun des côtés de ce triangle, considéré en particulier, serait signalé comme *le lieu de son point d'intersection* avec la droite A I K G, astreinte ainsi à pivoter autour du point A. Cela reviendrait à dire que toute droite fixe est le lieu de ses propres intersections avec une droite mobile. Peut-on, je le demande encore, admettre que Pappus ait voulu énoncer une proposition pareille ?

On voit en outre que sous le rapport cinématique, M. Breton n'a pas bien compris le genre de liaison du système lorsqu'il affirme (p. 84, col. 1, *en haut*) que « si l'une des droites devient fixe, toutes les autres le deviennent aussi », puisque, comme on vient de le voir, une seule droite peut être mobile quand toutes les autres restent fixes (1).

On voit enfin ce qui arrive pour le quadrilatère (v. ci-dessus, p. 5) : on connaît A, B, C, et la droite qui les joint, ainsi que deux des *trois* droites AF, BE, CD. Soient AF, CD, ces deux dernières, et D, E, les points donnés qui leur appartiennent respectivement : la droite BE est donnée; donc le point F est donné par l'intersection des droites AD, BE.

Le vrai sens de la grande proposition de Pappus est donc maintenant clairement établi. Mais ce n'est pas tout ; et pour qu'il ne reste non plus aucun doute sur celui de la seconde définition du porisme en général, je vais faire voir, en m'appuyant encore sur une déclaration de M. Breton, que le porisme, comme je l'ai avancé, a bien pour effet de détruire l'indétermination du théorème local en y introduisant une nouvelle donnée qui n'y était pas comprise, c'est-à-dire en y ajoutant *ce qui manque à son hypothèse,* et non pas, comme le prétend M. Breton dans une parenthèse entièrement étrangère au texte (ci-dessus, p. 4) et qui en renverse totalement la signification, que *le porisme,* dis-je, N'EST PAS *ce qui manque à l'hypothèse* POUR QUE CELLE-CI DEVIENNE L'ÉNONCÉ *d'un théorème local;* mais que C'EST TOUT LE CONTRAIRE.

En effet, M. Breton reconnaît (annot. (*t*), p. 84, col. 2; et p. 91, col. 1) que le premier lemme s'applique exactement à la figure qui l'accompagne. Je reproduis cette figure, dont M. Breton aurait dû expliquer la construction s'il la croyait propre à appuyer son système. C'est à quoi je vais encore suppléer.

Je commence par mettre, comme je l'ai fait précédemment, en regard du texte du porisme complet donné par Pappus, la seconde traduction de M. Breton et la mienne; puis je ferai voir que ce porisme se rapporte bien à la figure et au lemme lui-même.

_____

(1) J'avoue qu'il m'est impossible de saisir le sens de la fin de la note (*r*) de M. Breton (p. 84, en haut de la deuxième colonne).

M. BRETON.   **TEXTE.**   **M. VINCENT.**

Si, de deux points donnés, on mène deux droites se coupant sur une droite donnée de position, et que l'une d'elles retranche d'une droite donnée de position un segment à partir d'un point donné sur cette dernière, la seconde retranchera aussi sur une autre (droite donnée (2) de position à partir d'un point donné sur cette droite) un segment qui sera au premier dans un rapport donné.

Ἐὰν ἀπὸ δύο δεδομένων σημείων πρὸς θέσει δεδομένην εὐθεῖαν [δύο εὐθεῖαι] κλασθῶσιν, ἀποτέμνῃ δὲ μία ἀπὸ θέσει δεδομένης εὐθείας πρὸς τῷ ἐπ' αὐτῆς δεδομένῳ σημείῳ, ἀποτεμεῖ καὶ ἡ ἑτέρα ἀπὸ (1) ἑτέρας λόγον ἔχουσαν δοθέντα.

(1) M. Breton observe qu'il manque ici l'article τῆς : je ne le nie pas. Mais le sens n'est pas douteux, comme ce qui suit le fait voir.

(2) Encore une parenthèse !

Si, de deux points donnés, on mène deux droites qui se coupent sur une droite donnée de position, et que l'une d'elles intercepte sur une droite donnée de position un segment mesuré à partir d'un point donné sur sa direction, l'autre droite interceptera aussi sur la précédente (mot à mot : sur l'autre) un segment qui sera au premier dans un rapport donné.

Voyons maintenant quel rapport il y a entre la figure et les énoncés, du lemme d'une part, du porisme de l'autre, ce que M. Breton, comme je l'ai dit, aurait dû au moins indiquer.

Pappus se contente de dire :

« Soit la figure $\alpha\beta\gamma\delta\epsilon\zeta\eta$, et soit $\alpha\zeta : \zeta\eta :: \alpha\delta : \delta\gamma$. Joignez » $\theta\kappa$. Je dis que $\theta\kappa$ est parallèle à $\alpha\gamma$. »

La démonstration est inutile ici ; mais il est important de compléter l'énoncé. Pappus a l'habitude fâcheuse de donner les figures sans explication suffisante, comme parlant à des gens qui les avaient sous les yeux et connaissaient les hypothèses d'après lesquelles elles étaient construites. C'est encore là, pour le dire en passant, une des grandes causes d'obscurité dans la rédaction de cet auteur. Je reprends l'explication de la figure et l'énoncé complet du lemme.

    « *Soit un triangle quelconque* $\alpha\beta\gamma$; *je mène par le sommet* β » *une droite quelconque* $\beta\delta$ (que je prolonge ainsi que le côté $\beta\gamma$) ; » *le rapport* $\alpha\delta : \delta\gamma$ *se trouve ainsi déterminé. Je prends sur* » *le côté* $\alpha\gamma$ *deux points* ζ, η, *tels que l'on ait la proportion* » $\alpha\zeta : \zeta\eta :: \alpha\delta : \delta\gamma$. *D'un point quelconque* ϵ *pris sur le côté* $\alpha\beta$ » *je mène les droites* $\epsilon\zeta, \epsilon\eta$, *que je prolonge jusqu'à leurs points* » *respectifs de rencontre,* κ *avec* $\beta\delta$, θ *avec* $\beta\gamma$. *Je mène* $\theta\kappa$; *et* » *je dis que cette droite est parallèle à* $\alpha\gamma$.

Nous voyons d'abord ici un exemple de théorème *local*, puisque tous les points de la droite $\alpha\beta$ jouissent de la propriété énoncée, et qu'ainsi cette ligne est le lieu du point ϵ. Mais il ne s'agit en aucune manière de chercher ce lieu, puisque *la figure est donnée* malgré l'absence d'un énoncé complet.

Le théorème est plus général encore : car, étant donnés seule-ment le triangle $\alpha\beta\gamma$ et la droi-te $\beta\delta$, trois circonstances se présentent offrant une dépen-dance mutuelle et de telle na-ture que, deux d'entre elles étant données, la troisième s'ensuit. Ces trois circonstan-ces sont : (A) que *le point ε est pris sur $\alpha\beta$*; (B) que *les dis-tances $\alpha\zeta$, $\zeta\eta$, sont dans un rapport donné*; et enfin (C) que *$\theta\varkappa$ est parallèle à $\alpha\gamma$*.

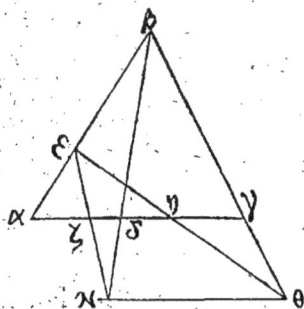

Le lemme cité prend pour hypothèse les deux circonstan-ces A et B, et il a pour consé-quence C, c'est-à-dire le parallélisme des droites $\theta\varkappa$ et $\alpha\gamma$.

Il a pour réciproques deux autres propositions qui sont elles-mêmes des porismes, et qui résultent naturellement de ce qui vient d'être dit. Dans l'une, on prend pour hypothèse A et C, et l'on a pour conséquence B, qui est le lemme proposé. Dans l'autre, on prend pour hypothèse B et C, et la conséquence est A, c'est-à-dire que le point ε est situé sur la droite $\alpha\beta$; d'où résulte que cette droite $\alpha\beta$ est le lieu du point ε quand on fait varier, soit les points ζ, η, en conservant la parallèle $\theta\varkappa$, soit la distance des pa-rallèles et conservant fixes les points ζ, η.

Or, il est évident que le porisme complet correspond précisé-ment au cas où, étant donnés la droite $\theta\varkappa$ et le point ε, on de-mande les points ζ, η; ou plutôt, où l'on établit que les distances $\alpha\zeta$, $\alpha\eta$, sont dans un rapport donné, celui de $\alpha\delta$ à $\alpha\gamma$.

—Résumons ceci : le caractère essentiellement *local* du théorème ayant été bien établi, quelle en est l'hypothèse? et que man-que-t-il à cette hypothèse pour constituer un porisme ou un problème déterminé? Pappus lui-même nous a donné les répon-ses; il n'y a qu'à lire et comprendre.

En effet, le porisme complet cité pour exemple par Pappus, appartient à la première réciproque, que voici :

« Si des deux points donnés $\varkappa$, θ, on mène deux droites qui se
» rencontrent sur la droite $\alpha\beta$ qui est donnée de position, et
» que l'une d'elles, $\varkappa\varepsilon$, intercepte sur la droite $\alpha\gamma$, qui est donnée
» de position, le segment $\alpha\zeta$ compté à partir du point α, l'autre
» droite $\varepsilon\theta$ interceptera sur la précédente un segment $\alpha\eta$ qui sera
» au premier dans le rapport donné $\alpha\delta : \alpha\gamma$. »

Le porisme suivant (1º de ma première Notice) se rapporte à la deuxième réciproque, dont il n'est que l'énoncé même, savoir : que ε *est situé sur $\alpha\beta$*.

Ensuite, du porisme principal on tire la proportion $\alpha\zeta : \zeta\eta :: \alpha\delta : \delta\gamma$, c'est-à dire (2º) savoir : que les droites $\alpha\zeta$, $\alpha\eta$, sont *dans un rapport donné*.

(3º) Une sécante quelconque menée par le point ε au travers des deux parallèles $\alpha\gamma$, $\varkappa\theta$, partagera les droites $\zeta\eta$, $\varkappa\theta$, en seg-ments proportionnels aux longueurs données $\zeta\eta$, $\varkappa\theta$, et par con-séquent en retranchera, soit à partir des points ζ, $\varkappa$, soit à partir des points η, θ, des segments qui seront dans un rapport donné (*section de raison*).

Le (4°) et le (5°) se déduisent du (1°); etc., etc.

Je n'ai ici considéré que le premier lemme; mais ces divers porismes, on en a été prévenu, ne s'y rapportent pas exclusive-ment : ils se retrouvent implicitement dans plusieurs des lemmes suivants, sous des aspects plus ou moins saillants et quelquefois plus naturels.

Ce n'est pas tout : la comparaison des lemmes entre eux nous conduirait à la confirmation du même point de vue. Ainsi, il est facile de voir que les *sept* premiers lemmes ont entre eux des rap-ports intimes, et qu'ils roulent tous sur des propriétés du quadrila-tère complet.

En effet, dans le *premier* lemme, c'est une droite quelcon-que $\alpha\gamma$ menée parallèlement au côté $\varkappa\theta$ (1).

Dans le *deuxième*, cette parallèle devient $\delta\epsilon$, et la droite $\delta\epsilon$ joue, quant à la division de la droite $\alpha\zeta$, un rôle analogue à celui que joue, dans la première figure, la droite $\beta\varkappa$ relativement à la droite $\alpha\gamma$. Le point mobile ϵ est remplacé par le point mobile $\varkappa$, etc. C'est donc encore un théorème local où il n'y a plus qu'à particu-lariser l'un des points γ ou $\varkappa$ pour retrouver des porismes sem-blables aux précédents.

Dans le lemme III, le quadrilatère est considéré sous un autre aspect : c'est une droite $\zeta\alpha\gamma$ qui est menée par le sommet de l'angle rentrant. Cette droite coupe les deux grands côtés du qua-drilatère suivant une proportion dont les développements donnent lieu au porisme (8°) du premier livre. (Voir les proportions qui précèdent la conclusion.)

Le lemme IV est une extension du lemme II; la parallèle $\delta\beta$ est remplacée par une droite $\lambda\varkappa\alpha$ qui coupe en α le côté $\beta\zeta$ pro-longé, d'où résulte une longueur $\alpha\zeta$ soumise à une double di-vision.

Le lemme V se déduit du précédent en faisant dans celui-ci $\beta\delta = o$ et $\gamma\epsilon = o$, puis menant les lignes $\varkappa\zeta$ et $\lambda\epsilon$ qui deviennent $\zeta\delta$ et $\epsilon\gamma$ dans la figure 5. La distance $\alpha\gamma$ est divisée harmonique-ment aux points β, δ.

On passe du lemme V au lemme VI en éloignant le point ϵ à l'infini.

Enfin, on passe de V à VII en changeant la division har-monique de la ligne $\alpha\delta$ en un autre mode de division; on mène une parallèle à $\alpha\delta$, puis la droite $\alpha\eta$, etc., etc. (2).

---

(1) Voir le Mémoire de M. Breton, *Recherches nouvelles*, etc., *Jour-nal de Mathématiques*, tome XX, p. 219, tiré à part, p. 11.

(2) On peut présenter d'une autre manière ces différents lemmes, ainsi que leur enchaînement. Par exemple, voyez, pour les lemmes III et V (Propos. 129 et 131 de Pappus), le *Traité de Géométrie supérieure*,

Telle était, je n'en doute pas, la manière dont on procédait pour trouver des porismes. La difficulté que nous éprouvons à en saisir l'enchaînement tient à l'absence d'un système convenable de notation qui permît, comme dans les méthodes modernes, de suivre les développements d'une même proposition principale au travers de ses diverses transformations, conséquences, cas particuliers, etc.

Quoi qu'il en soit, nous croyons en avoir dit assez pour montrer comment il faudra s'y prendre quand on voudra rétablir le traité des Porismes d'Euclide, assez du moins pour mettre le lecteur à même de juger si nous avons trouvé la véritable clef de leur théorie.

Je termine par une simple réflexion. M. Breton m'accuse de m'être *laissé dominer par une idée préconçue*. Il est bien vrai qu'une idée s'était emparée de moi à la première lecture du Mémoire de cet estimable géomètre, et qu'ainsi elle s'est trouvée réellement préconçue; mais heureusement elle ne m'a pas dominé. Faut-il le répéter? J'avais préconçu l'idée que M. Breton venait de dire le dernier mot sur la théorie des porismes. Cependant, une étude plus approfondie m'a fait voir que M. Breton s'était écarté notablement du sens des textes non moins que de la lettre, et n'avait ainsi donné qu'une première approximation. J'ai fourni la seconde *d'après lui;* je ne réclame point d'autre mérite. Il restera donc à M. Breton le mérite principal, s'il ne le répudie pas lui-même par une persistance dont les suites seraient très fâcheuses, en l'empêchant de compléter son travail comme je l'ai engagé et comme je l'engage plus que jamais à le faire. C'est à quoi il parviendra en développant les lemmes de Pappus, isolant les faits qui se rencontrent dans leurs diverses démonstrations, mettant en relief les positions des lignes, leurs rapports exprimés, examinant les cas particuliers, les réciproques, etc., etc. C'est ainsi qu'il verra disparaître, j'en suis certain, *les doutes, les objections, les impossibilités.*

Au surplus, je n'ai pas moi-même la ridicule prétention d'avoir donné des traductions irréprochables sous tous les rapports. Celle que j'ai proposée peut bien être, *est* même certainement attaquable sur plusieurs points, notamment dans les énoncés des porismes, où l'on est obligé de marcher à tâtons. Nul doute qu'une restauration complète de l'ouvrage d'Euclide nécessiterait des modifications de détail dans la rédaction conjecturale que j'ai proposée; mais *je maintiens l'ensemble;* et pour les hommes compétents qui m'auront fait l'honneur d'examiner, de peser les développements dans lesquels je suis entré, j'ose espérer que la théorie des porismes cessera d'être un *arcane* et la géométrie ancienne une *science occulte.*

---

de M. Chasles (préf. p. xxi et viii); et pour le lemme IV (Propos. 130) l'*Aperçu historique* du même auteur (p. 35); voyez aussi le *Traité des propriétés projectives des figures*, par M. Poncelet.

P. S. — Il y a un malentendu dans la note (*m*) de M. Breton ; je n'ai pas parlé du premier énoncé du deuxième livre d'Apollonius, mais du lemme *quatrième* de ce livre.

Quant aux troisième et quatrième énoncés du premier livre des *Lieux plans* d'Apollonius, ils ont bien le même sens, sous le rapport principal, que les deux exemples de lieux plans donnés par Proclus et cités dans la note (*e*) de ma précédente Notice ; mais la forme des énoncés est très différente dans les deux auteurs. Dans Proclus, c'est la *portion de plan comprise entre les deux parallèles* qui est le *lieu des triangles équivalents*, de même que le *segment de cercle* est le *lieu des angles égaux*, tandis qu'au point de vue d'Apollonius, plus conforme en cela aux idées modernes, c'est, dans le premier cas, une droite parallèle à la base, et, dans le second, un arc de cercle, qui est le *lieu des sommets* des triangles ou des angles égaux.

Paris. — Imprimerie de Duxuisson et Cᵉ, rue Coq-Héron, 5.